HERBORISATIONS

SUR

LA COTE OCCIDENTALE D'AFRIQUE,

PENDANT LES ANNÉES 1845-46-47-48,

Par M. EDELESTAN JARDIN, commis de marine.

Les seuls botanistes qui aient écrit sur la flore de la côte occidentale d'Afrique sont MM. Guillemin, Perrotet et Richard [1] pour le Sénégal et les pays circonvoisins; Palisot de Beauvois [2], pour la côte du golfe de Benin ; Robert Brown [3], pour le pays qu'arrose le Congo, près de son embouchure, et le docteur Antommarchi qui, à la suite de ses mémoires sur l'île Sainte-Hélène, donne une flore de cette localité. Il peut se faire que les Portugais, habitant la ville de Saint-Paul de Loanda aient publié quelques mémoires sur la botanique des environs de cette ville : je ne les connais pas.

Ire PARTIE.

GUINÉE MÉRIDIONALE.

Cette première partie se compose des plantes recueillies dans la Guinée méridionale, depuis l'embouchure du Gabon jusqu'à Saint-Paul de Loanda, ce qui fait à peine la moitié de ma récolte, et la nombreuse famille des composées n'y est pas comprise. L'autre moitié, consistant en plantes recueillies en Sénégambie, aux Bissagos et sur la côte au S. de cet archipel, jusqu'aux îles de Loss, près de Sierra-Leone, est entre les mains de savants botanistes de France et d'Allemagne qui ont bien voulu se charger de la détermination de ces plantes.

Les quatre points principaux de mes herborisations dans le Sud de la côte d'Afrique, sont : 1° Le Gabon; 2° l'île du Prince ; 3° la baie de Loango ; 4° les environs de la ville de Saint-Paul de Loanda.

---

[1] Floræ Senegambiæ tentamen ; Parisiis, 1830-33.

[2] Flore d'Oware et de Benin, en Afrique; Paris, 1804.

[3] Observations systématiques et géographiques sur la collection des plantes recueillies sur les bords du fleuve Congo, par le docteur C. Smith ; Paris.

Le Gabon.

Le pays désigné sous ce nom est arrosé par une rivière fort large, que M. Bouët-Willaumez, dans sa Description nautique des côtes de l'Afrique occidentale, représente comme un vaste estuaire. En effet, à quelques lieues seulement de son embouchure, cette rivière se divise en plusieurs branches, toutes assez considérables, surtout dans la saison des pluies. Ces différentes branches ont été explorées, mais on n'a pu encore déterminer quelle est la rivière principale, parce que, arrivés à une certaine distance, les bâtiments, quoique d'un faible tonnage, sont obligés de s'arrêter et qu'il faudrait continuer l'exploration en pirogue, ce qui ne laisserait pas d'être dangereux, d'abord à cause de la grande chaleur du jour et de la fraîcheur de la nuit, et parce qu'on serait obligé de pénétrer chez des peuplades sauvages et ennemies des Gabonais, de la part desquelles on n'a à attendre que de mauvais traitements.

Pendant nos différentes relâches dans cette rivière, nous sommes restés mouillés devant le blockhaus sur la rive droite, ou devant le village du roi Denis sur la rive gauche, et c'est sur ces deux points que mes recherches botaniques se sont arrêtées. Le nombre de plantes que j'ai ramassées n'a pas été aussi considérable qu'il aurait pu l'être, si j'étais demeuré à terre ; d'un autre côté, plusieurs des plantes que je rencontrais étaient succulentes, et je n'avais guère de moyens de dessiccation, de sorte que, bien souvent, j'étais obligé d'abandonner, en soupirant, un bel échantillon que j'aurais cueilli en pure perte et sans pouvoir le conserver.

La rive droite du fleuve est à peine défrichée dans ce voisinage des habitations. Ailleurs, ce sont d'épais fourrés dans lesquels il est impossible de pénétrer, ou des marécages que baigne à chaque marée l'eau saumâtre de la rivière et où fourmillent une foule d'insectes et de crustacés. Le rivage est sablonneux ; dans quelques parties seulement se montrent des rochers d'une nature ferrugineuse, où croissent à regret quelques algues et des polypiers. On rencontre encore, rejetés par la mer, le *sargassum bacciferum* et plusieurs polypiers d'une plus grande espèce.

La rive gauche forme jusqu'au bord de la mer une vaste plaine qu'arrosent quelques cours d'eau qui viennent se jeter dans le Gabon. Plusieurs espaces sablonneux, dans l'intérieur, offrent des plantes qu'on ne trouve pas sur la rive droite ; à cela près, la végétation n'est guère différente.

Les cryptogames sont en fort petit nombre ; on trouve quelques mousses (*octoblepharis albida*, Hedw.) sur le tronc des arbres renversés dans les marigots, un petit nombre d'espèces de fungus, des hypoxilées plus nombreux, mais pourtant assez rares, quelques hépatiques desséchées pendant la belle saison.

Les phanérogames, au contraire, sont en très-grand nombre. Voici la liste de ceux que j'ai observés et recueillis et qui ont été déterminés, pour la plupart, par les savants botanistes, MM. Lenormand, de Vire, Steudel, de Esslingen (Wurtemberg) et Schultz, de Deux-Ponts (Allemagne).

Sauvagesia erecta, L.
Mollugo, 2 espèces indéterminées.
Hibiscus elatus, Swartz.
— Surattensis, L.
Gossypium religiosum, L.
Gossypium.
Urena, deux espèces.
Waltheria americana? L.
Triumfetta, deux espèces.
Vitis laciniata, L.
N° 1. Melia azedarach, L.
Paullinia.
Tribulus cistoïdes, L.
Crotalaria verrucosa, L.
Tephrosia leptostachya, L.
Dolichos?
Cæsalpina?
Ecastaphyllum ; en gabonais, *Nchâva*.
Dalbergia.
N° 2. Guilandina.
Sideroxylon inerme, L. (Bois de fer.)
Cassia, deux espèces.
Swietenia Mahagoni, Will.
N° 3. Rhizophora mangle, L.
N° 4. Laguncularia.
Tetracera? en gabonais, *Heni*.
Acisanthera.
Diospyros (ébène).
Momordica.
Crescentia cucurbita, L. (Calebasse.)
Oldenlandia biflora.
— stricta.
— umbellata.
Oldenlandia.
Rubiacée.
Calotropis procera, R. Brown.
Convolvulus, cinq espèces.
N° 5. Ipomœa.
Solanum ethiopicum, L.
— aculeatissimum, Jacq.
Heliotropium undulatum, Wahl.
Torenia.
Scoparia dulcis, L.
Acanthus.
N° 6. Ruellia, deux espèces.
Clerodendrum, deux espèces.
Hyptis.
Boerhavia, deux espèces, dont l'une appelée *Ijone*.
N° 7. Amaranthus paniculatus, L.
— ascendens, L.
Gomphrena globosa, L. (Variété.)
Alternanthera, deux espèces.
N° 8. Achyranthes.
N° 9. Euphorbia, trois espèces.
Jatropha multifida, L. (Manioc.)
N° 10. Phyllanthes niruri, L.
Papaya carica, L. (Papayer.)
Urtica.
Bromelia ananas, L.
Piper.
Canna indica, L.
Musa paradisiaca, L. (Bananier.)
— sapientium, L. Id.
N° 11. Orchidée.
Commelina, deux espèces.
Dioscorea sativa, L. (Igname.)
Chamœrops glabra, Will. (Chou palmiste.)
Cocos nucifera, L.
Veratrum?

Cyperus polystachyus, V. fusco viridis, Roth.
Mariscus cylindrostachyius, Steud.
Fimbristylis rivularis, Steud.
— vestita, Steud.
Bambusa arundinacea, Retz.
Paspalum guineense, Steud.
— Jardini, Steud.
— squammatum, Steud.
Panicum megaphyllum, Steud.
Oplismenus sylvaticus, Kunth.
Pennisetum tenuispiculatum, Stend.
Aristida papposa, V. senegalensis, Rupr.
Dactyloctenium ægyptiacum, Will.
Agrostis? paradoxa, Stend.
Eragrostis Jardini, V. major, Steud.
Eragrostis Jardini, V. minor, Steud.
Eragrostis tremula, Lam[k].
Jardinea gabonensis, Steud.
Andropogon densiflorum, Steud.
Sorghum vulgare, Pers.
Selaginella.
Polypodium.
Aspidium.

CRYPTOGAMES.

Octoblepharis albida, Hedw.
Ramalina complanata, Ach.
Sarganum bacciferum.
Dictyota.
Padina lobata, Grev.
Ceramium.
Enteromorpha.
Ulva.

Observations. — Plusieurs de ces plantes sont médicinales, les autres servent dans les cérémonies religieuses, d'autres enfin sont d'un usage journalier, pour la nourriture, la parure et l'amusement des naturels.

N° 1. *Melia azedarach, L.* — Cet arbrisseau donne des graines rouges, qui servent de parure aux femmes et aux enfants.

N° 2. *Guilandina.* — Le nom de cet arbre au Gabon est *tchoughé.* Les graines grises servent dans un jeu d'osselets qu'affectionnent les habitants de ce pays.

N° 3. Le *manglier*, en gabonais, *itanda*, est regardé par les naturels comme purgatif. Ils mangent, à cet effet, les feuilles tendres, mais ils boivent, en même temps, un demi-verre de l'eau de la rivière, qui est saumâtre et qui contribue peut-être plus que les feuilles de manglier à obtenir un résultat efficace.

N° 4. *Laguncularia.* — Cette plante, que les Gabonais appellent *ambiambiolan*, est sacrée chez eux. Ils en font macérer l'écorce et les feuilles et s'en frottent le corps et le visage, avant de commencer leurs cérémonies.

N° 5. *Ipomœa.* — Cette convolvulacée porte au Gabon le nom de *gombégombé*, à cause de sa forme qui ressemble à celle d'un parapluie. Elle a une sève très-abondante dont les Gabonais font quelquefois usage pour se désaltérer.

N° 6. *Ruellia.* — Les feuilles de cette plante, appelée au Gabon *lindagêna*, servent aux naturels d'assaisonnement aux bananes qu'ils font cuire sous la cendre.

N° 7. L'*amaranthus paniculatus*, en gabonais, *ogoundja*,

passe chez les habitants du pays, pour avoir la propriété de cicatriser les plaies.

N° 8. Il en est de même d'une espèce d'achyranthes, qu'ils désignent sous le nom de *conagounia.*

N° 9. L'*euphorbiacée*, que les Gabonais appellent *tangou*, est usitée chez eux comme vomitif. Ils font macérer la peau et les feuilles et en boivent l'infusion.

N° 10. *Phyllanthes niruri, L.* — Cette plante, appelée en gabonais *niangiri*, jouit de propriétés curieuses; selon les habitants, si un jeune homme doute de l'amour de sa fiancée, il n'a qu'à prendre quelques feuilles de cette herbe magique, et les mâcher pendant qu'il lui parle, il est sûr d'avoir regagné son affection et n'a plus à craindre de rivaux.

N° 11. Les Gabonais trouvent dans leur *bouliawongo*, qui est une espèce d'orchidée, un remède efficace contre la colique.

L'île du Prince.

Située dans le S. O. de Fernando-Pô, à l'entrée du golfe de Biafra, qui fait partie du vaste golfe de Guinée, cette île, qui continue la longue chaîne sous-marine des Cameroons, offre la même composition de terrain que les îles voisines. Tout décèle une origine volcanique, un terrain pyrogène. Ce sont d'immenses rochers de basalte noirâtre et ferrugineuse, entassés les uns sur les autres de la manière la plus pittoresque; des pitons élevés et désignés sous le nom d'aiguilles, dominant une vallée profonde, des gorges rétrécies entre deux montagnes abruptes, des ravins profonds, remplis d'eau pendant la saison des pluies. Les bords de cette île sont inabordables dans presque tous les points, hérissés de rochers au pied de collines presque à pic, et que couvre cependant une brillante végétation. Les plantes y sont extrêmement variées, le peu d'espèces que j'ai pu recueillir pendant nos courtes relâches, suffira pour en donner une idée, ce sont :

Hibiscus (affinis mutabili).
Gossypium religiosum, L.
Triumfetta, deux espèces, l'une d'elles appelée *soldan.*
Desmodium, deux espèces, l'une d'elles appelée *tôto.*
Cassia sophera, L.
Mimosa pudica, L.
Erythrina cafra, Thumb.
Combretum.

N° 1. Eryngium fœtidum, L.
Rubiacées, cinq genres, l'un d'entre eux appelé *loucoumi*
N° 2. et l'autre *atikondo.*
Mussœnda?
Cestrum, en langue du pays *gherâna.*
Lycopersicum cerasiforme, Duval.
Physalis.
Cucurbita citrullus, L. (Pastèque.)

Heliotropium indicum, L.; en langue du pays *galou*.
Ruellia, cinq espèces, l'une d'elles appelée *sangrani*.
Coffœa arabica, L.
Ocymum, deux espèces.
Leonitis nepetœfolia, R. Brown.
Elsholtzia....., en langue du pays *nbaso*.
Annona triloba, L. (Corossol.)
Laurus cinnamomum, L. (Cannellier.)
Theobroma cacao, L.
Euphorbia pilulifera, Jacq.
Euphorbia?
Maranta?
Mangifera indica, L. (Mango.)
Asparaginée.
Smilax.
Tradescantia, deux espèces.
Panicum basisetum, Steud.
— fluviicola, Steud.
— indutum, Steud.
— phyllomœrum, Var., Steud.
Mertensia.
Polypodium.
Asplenium.

CRYPTOGAMES.

Jungermannia.

Observations. — Beaucoup de ces plantes sont, sans nul doute, mises en usage à l'île du Prince, mais le peu de temps que j'y ai séjourné ne m'a pas permis de recueillir tous les renseignements que j'aurais désirés. Je ne parlerai pas du caféier, que l'on cultive, non plus que du cacaoier, du cannellier et des différents fruits qui se trouvent dans cette île, je signalerai seulement :

N° 1. L'*eryngium fœtidum, L.*, en langue du pays, *lamaia*, qui est une plante culinaire.

N° 2. Une rubiacée du nom d'*atikondo*, dont les feuilles hachées et mises en compresse guérissent le mal de ventre.

Loango.

Avant d'arriver au fleuve Zaïre ou Congo, dans le S. du cap Lopez, qui termine de ce côté le golfe de Guinée, on trouve une baie assez profonde, qu'entourent des collines nues et brûlées par le soleil. Les rochers, à teintes rougeâtres, ont le pied dans la mer, et c'est à peine si une étroite bande de sable permet aux embarcations d'aborder sur cette côte. Le terrain, très-ondulé, n'offre pas cette irrégularité de formes que l'on trouve plus dans le Nord. Sur le versant des collines, là où il se trouve un peu de terre végétale, une plante s'y fixe, y croît et cache l'aridité du sol ; sur les plateaux, la terre desséchée laisse à peine quelques traces de graminées, qui reprennent vigueur dans la saison des pluies ; dans les vallées, l'humidité du sol y tient dans un état perpétuel de végétation les palmiers, les fougères arborescentes, les papyrus ; sur le bord de la mer, les plantes grasses, qui n'ont pas besoin d'humidité, végètent vigoureusement, exposées à l'ardeur du soleil et fixées sur un sable brûlant. Quelques-unes, comme le *calotropis procera*, R. Brown, sont baignées bien souvent par les vagues qui déferlent sur le rivage.

Les plantes que j'ai ramassées dans cette localité sont assez nombreuses : quelques-unes, comme dans les deux stations précédentes, n'avaient pas encore été signalées, et plusieurs se retrouvent également au Gabon et à l'île du Prince.

Voici la liste de celles de Loango :

Drymaria?
Hibiscus.
Bombax ceiba, L.
Melochia.
Grewia.
Fagonia cretica, L.
Indigofera hirsuta, L.
Nelsonia canescens, Nees.
Tephrosia linearis, Pers.
Tephrosia.
Æschynomem sensitiva, Swartz.
Arachis hypogæa, L.
Isnardia?
Hydrocotyle.
Bryonia?
Diodia.
Borrera kokantiana, Mey?
Borrera.
Convolvulus.
Cordia.
Acanthus.
Striga.
Micromeria.
Amaranthus polygonoïdes, L.
Alternanthera.
Celosia trigyna, L.
Celosia.
Achyranthes.
Ricinus communis, L.
Euphorbia hypericifolia, L.
Curcuma?
Flagellaria indica, L.
Cyperus haspan, L.
Cyperus distans? (Papyrus.)
— Jardini, Steud.
— — Var., Steud.
— longus, L.
— spicato-capitatus, Steud.
Lipocarpha argentea, R. Brown.
Hyprolepis denudata, Steud.
Hypolytrum latifolium, Rich.
Fimbristylis fuscata, Steud.
Fuirena pubescens, Steud.
Seleria flagellum, Swartz.
— — V. tenuior, Swartz.
Seleria verrucosa, Will.
Panicum nudiglume, Hochst.
— paspaloïdes, Steud.
— phyllomœrum, Steud.
— porranthum, Steud.
— trichopiptum, Steud.
— porranthum, V. hirsutissimum, Steud.
Pennisetum ramosissimum, Steud.
Cenchrus pycnostachyius, Steud.
Antyphora elegans, Steud.
Sporobolus spicatus, Kunth.
— robustus, Kunth.
Perotis latifolia, Will.
Andropogon guineense, Steud.
Remirea maritima, Aubl.
Lycopodium cernuum, L.
Polypodium.
Aspidium.
Asplenium, deux espèces.

Observations. — Il est fort rare de rencontrer un individu de ce pays, parlant une des langues d'Europe, soit l'anglais, soit l'espagnol, soit le portugais. Les négociants qui y habitent ne connaissent de l'idiôme de ces peuples que ce qui leur est nécessaire pour trafiquer avec eux, de sorte que je n'ai pu me procurer de renseignements sur l'usage qu'on fait des plantes à Loango.

Saint-Paul de Loanda.

Toute la côte, depuis la baie de Loango jusqu'à Saint-Paul de Loanda, capitale du royaume d'Angola, présente le même aspect que la baie elle-même ; elle est un peu moins élevée lorsqu'on arrive dans le voisinage du Congo, dont l'embouchure est fort étroite, eu égard à sa profondeur qui n'est pas de moins de 600 pieds dans certains endroits. Depuis ce fleuve jusqu'à Saint-Paul, on ne voit que rochers escarpés et rougeâtres, et tout porte l'empreinte de la plus grande aridité. Quelques lieues avant d'arriver à la capitale du royaume d'Angola, la rivière Bengo donne un peu de fraîcheur aux terres qu'elle arrose, et, sur ses bords, croissent la plupart des denrées que l'on consomme à Saint-Paul. Une assez chétive végétation se montre çà et là jusqu'au fort qui ferme la rade et devant lequel mouillent les bâtiments ; on descend, le plus souvent, près de ce fort pour se rendre en ville, en suivant l'alameda ou promenade publique, plantée de tamariniers et de corossols.

On trouve, au débarquement, une plage sablonneuse qui s'étend jusqu'au pied de la colline sur le prolongement de laquelle est bâtie la ville haute. J'ai recueilli, dans cette plaine, les espèces suivantes :

Alternanthera.
Tamarindus indica, L.
Psidium pomiferum, L. (Goyavier.)
Eriocaulon ?
Citrus medica, L.
— aurantium, L.
Convolvulus batatas, L. (Patate douce.)
Aletris.
Solanum esculentum, L. (Aubergine.)
Chloris abyssinica, Hochst.
Panicum aparine, Stend.
— miliaceum, L. (Millet.)
Cenchrus echinatus, L.
Uniola Jardini, Steud.
Sporobolus matrella, Nees.

Observations. — La plupart des autres plantes qui se trouvent à Saint-Paul de Loanda sont les mêmes que celles de la baie de Loango et du Gabon.

Les quatre listes ci-dessus présentent 34 espèces nouvelles, parmi lesquelles un nouveau genre, le *jardinea gabonensis*, et six espèces et variétés auxquelles M. Steudel m'a fait l'honneur de donner mon nom. Je saisis avec empressement l'occasion de lui exprimer ma reconnaissance, de ce qu'il a bien voulu témoigner par là que mes courses botaniques n'ont pas été infructueuses.

Paris —Imprimerie de Paul Dupont,
rue de Grenelle-St-Honoré, 55.

IIe PARTIE.

SÉNÉGAMBIE ET GUINÉE SEPTENTRIONALE.

J'ai exploré plus ou moins quatre points principaux de la côte occidentale d'Afrique, depuis le Sénégal jusqu'à Sierra-Leone, ce sont :

1° L'île de Gorée et les villages situés sur la terre ferme, dans les baies de Hann et de Dakar;
2° L'archipel des Bissagos ;
3° Le Rio Nuñez;
4° Enfin, les îles de Loss.

Cette partie de la côte d'Afrique a été visitée plus souvent que la partie au S. de l'équateur. J'ai indiqué la Flore de MM. Guillemin et Perrotet pour la Sénégambie : c'est le meilleur guide que l'on puisse prendre pour herboriser dans cette région.

Sénégal.

Les descriptions du Sénégal sont nombreuses ; ce pays a été étudié plus que tous les autres points de la côte, tant sous le rapport de la géologie que sous celui de l'histoire naturelle proprement dite ; je ne pourrais rien ajouter aux connaissances que l'on en possède, connaissances qui sont cependant bien loin d'être arrivées à leur terme. Chaque jour, en effet, des voyageurs de France et d'Angleterre font de nouvelles découvertes qui prennent aussitôt place dans les annales du monde savant. Et d'ailleurs, mon séjour à Gorée a toujours été de si peu de temps, qu'à peine ai-je pu visiter les points de la côte les plus voisins de l'île, et recueillir à la hâte les plantes que je rencontrais. Je les indiquerai cependant ici, et l'on remarquera que les plantes marines sont assez nombreuses.

La végétation du Sénégal et des parties de la côte d'Afrique plus voisines de l'équateur n'offre pas de différence sensible, si l'on en excepte quelques endroits moins arides et moins rocailleux, où l'humidité constante permet de croître en bien plus grand nombre aux familles des orchidées, des mousses, des lichens et des champignons. Mais ce que les baies de Hann et de Dakar ont de particulier, c'est la présence en plus grande abondance d'algues marines que la mer roule sur la plage et laisse à sec en se retirant, ou que les nègres ramènent du fond de l'eau en pêchant avec leurs filets de jonc à claire-voie. Doit-on attribuer cette végétation sous-marine à la position du Sénégal plus avancée vers le N. ou plutôt à la nature différente des rochers sur lesquels se fixent ces plantes? Cette observation, que j'indique sans avoir pu la vérifier, ne peut être faite que pendant un séjour assez prolongé à terre et à des époques différentes de l'année.

Je note ici les plantes que j'ai recueillies ou observées dans mes rares herborisations.

PHANÉROGAMES.

Parkinsonia aculeata, L.
N° 1. Poinciana pulcherrima, L.
N° 2. Datura fastuosa, L.
— metel, L.
N° 3. Solanum esculentum, L.
N° 4. Nerium odorum, Soland.
N° 5. Zizyphus ortacantha, DC., en yoloff, *Sedoum.*
Heliotropium undulatum, L.
Sida linearifolia, Schum. (Valdè affinis S. linifoliæ, Cav.)
N° 6. Swietenia senegalensis, Desrousseaux.
N° 7. Psidium guineense, Swartz.
Dalbergia melanoxylum, Perr.?
N° 8. Mangifera indica, L. (Manga domestica, Goertn.)
Ceanothus benghalensis, DC.; decolor, Delise, Croton (affine plicato.)
N° 9. Lawsonia inermis, L. (alba Lam[k].)
N° 10. Bixa orellana, L. (americana, Poir.)
N° 11. Cactus opuntium, L., en yoloff, *Gargamos.*
N° 12. { Citrus aurantium, L.
— limonium, L.
Bromelia ananas, L. }
Pennisetum senegalense, Steud.
Sporolobus matrella, Nees.
— robustus, Kunth.

CRYPTOGAMES.

Sargassum tenue, Kunth.
— cheirifolium, Kunth.
— — V. cordatum, Kunth.
— dichocarpum, Kunth.
Dictyota dichotoma, V. implexa, Ag[h].
Zonaria variegata, Mert.
Ceramium, deux espèces.
Acanthophora Thierii, Lam[k].
Hypnœa musciformis, Grev.
Phyllophora, espèce sans doute nouvelle.
Lomentaria impudica, mont.
Galaxaura.
Caulerpa Lamourouxii, Ag[h].
— taxifolia, Ag[h].
Claduphora multifida, Kunth.
Lyngbia tropica, Kunth.
Sirocoleum guianense, Kunth.
Codium tomentosum, Ag[h].
Polysiphonia.
Mirocladia glandulosa, Grev.
Halymenia fasciata, Bory de St-Vincent.

Observations.

N° 1. Ce magnifique arbrisseau croît au milieu du village de Dakar. C'est un emménagogue énergique, ses feuilles sont purgatives; il sert aussi dans la teinture.

N° 2. On rencontre cette plante sur les vieux murs dans l'île même de Gorée.

N° 3. Cette plante est cultivée par les nègres à la Grande-Terre.

N° 4. Le laurier rose, *nerium odorum*, croît en abondance au village de Hann, au milieu d'un petit marais. On en voit aussi quelques-uns à Gorée.

N° 5. *Zizyphus ortacantha* DC., en yoloff, *sedoum*. Les nègres mangent le fruit de cet arbrisseau, qui croît à Dakar.

N° 6. Le *mahagony*, *swietenia Senegalensis*, Desrousseaux, est cité dans la Flore de Sénégambie. Les nègres en font des meubles, des pagaies pour leurs pirogues. L'infusion de l'écorce est fébrifuge.

N° 7. Les nègres de Dakar et de Hann apportent au marché de Gorée le fruit du *psidium guineense* (la goyave), qui, frais, exhale une forte odeur de térébenthine.

N° 8. Le manguier, *mangifera indica*, L., est cultivé par les naturels, qui en vendent aux Européens le fruit qui passe pour anti-scorbutique. La résine que produit cet arbre paraît être anti-syphilitique et anti-scorbutique.

N° 9. Les Maures du Sénégal qui travaillent le cuir se servent du suc de cette plante pour le teindre en rouge. C'est le *henné* des Orientaux.

N° 10. Les graines du rocouyer servent aux naturels à teindre les étoffes de coton qu'ils fabriquent.

N° 11. Ce cactus sert à former des haies de séparation au village de Hann. A Ténériffe, on élève sur cette plante la cochenille, dont il se fait un grand commerce. Le fruit qu'on appelle figue de Barbarie est délicieux lorsqu'il vient d'être cueilli, mais les aiguillons nombreux dont il est couvert ainsi que toute la plante font que l'usage en est restreint et que les nègres ne le mangent pas. Le nom yoloff du cactus est *gargamos*.

N° 12. On trouve au Sénégal les deux espèces de *citrus*, mais les oranges et les citrons que l'on mange à Gorée viennent de Gambie ou des îles du Cap-Vert ; il en est de même des ananas.

Archipel des Bissagos.

On désigne sous le nom d'archipel des Bissagos ou Bissagots un grand nombre d'îles et de presqu'îles assez mal déterminées, quoique l'hydrographie en ait été faite à plusieurs reprises, soit en partie, soit en totalité. Cet archipel est placé à l'embouchure de plusieurs rivières qui, grossies pendant la saison des pluies, charrient continuellement des vases et des débris de végétaux et les déposent sur les bords des îles. Les courants rapides qui s'établissent par l'action combinée du flux et du reflux de la mer et celle des eaux des rivières en modifient peu à peu les contours, et comme les différents canaux qui les séparent sont généralement peu profonds, et que plusieurs de ces îles sont extrêmement basses, il arrive que ces canaux finissent par devenir innavigables et découvrent même à la marée basse, tandis que des passages s'ouvrent en d'autres endroits et offrent une nouvelle issue aux petits bâtiments qui naviguent entre ces îles.

Tout l'archipel est d'origine volcanique, surtout dans la partie Nord, si l'on en juge par les roches noirâtres ou à teintes rouges, et les laves mêlées de scories et d'une espèce de mâchefer qui surgissent au milieu d'un sable blanc et d'une vase noire et fétide, comme à Cayo. Cependant, à Bissao, dans le Rio Geba, on trouve quelques roches schisteuses.

Les îles des Bissagos sont toutes brillantes de végétation et paraissent extrêmement fertiles. Quelques-unes sont inhabitées, les autres le sont par des nègres qui paraissent bien peu susceptibles de civilisation : ils se bornent à faire de l'huile avec des noix de palmier, et la vendent aux facteurs européens en échange de fusils, d'étoffes et de verroterie.

Sous le rapport botanique, l'archipel a été peu exploré ; il suffirait d'un séjour de peu de durée pour faire une moisson abondante de plantes rares dont plusieurs seraient assurément nouvelles. J'en ai ramassé quelques-unes qui ne paraissent pas se rapporter aux espèces connues, mais qui n'ont pu être déterminées avec précision, soit qu'elles n'eussent pas été récoltées à l'époque de leur entier développement, soit qu'elles offrissent des éléments trop incertains pour une détermination rigoureuse. Je les indiquerai cependant, pour que des botanistes plus heureux que moi puissent les rechercher et satisfaire entièrement la science.

PHANÉROGAMES.

Schwenkia americana, Wahl ?
Eilemanthus (an genus novum?).
Barleria.
Campuloa.
Buchnera.
Kohautia.
Sida linearifolia (an S. linifoliæ Cav. differt?).
Perotis.

N° 1. Nicotiana tabacum, L.
Plumbago zeylanica, L.
Polygala.
Celosia trigyna, L.
Convolvulus, deux espèces.
Commelina.
Asclepiadæa.
Sida decagyna, Schum.
N° 2. Arachis hypogæa, L.
N° 3. Adansonia digitata, L.
Stylosanthes guineensis, G.Don.
N° 4. Acrostichum alcicorne, Swartz.
Cyperus margaritaceus, Wahl.
Cyperus.
Setaria glauca, Nees.
N° 5. Saccharum officinarum, L.

CRYPTOGAMES.

Caulerpa plumaris, Ag[b].

Observations.

N° 1. Il ne paraît pas que les naturels des Bissagos connaissent la plante qui donne le tabac dont ils sont si avides, car ils reçoivent avec empressement, en échange des produits de leurs îles, les feuilles de tabac dont on ne manque pas de faire provision à Gorée. Je n'ai vu cette plante cultivée nulle part sur la côte d'Afrique, quoiqu'elle croisse spontanément en beaucoup d'endroits.

N° 2. La pistache de terre ou arachide, *arachis hypogæa*, L., est cultivée en Sénégambie. Les nègres s'en servent peu, ils préfèrent le couscouss, et ramassent les arachides pour les vendre aux Européens.

N° 3. L'*adansonia digitata*, L., *baobab*, croît en différents points de la côte d'Afrique et aux îles du Cap-Vert. La petite île Bourbon, qui se trouve au milieu du Rio-Geba, est entièrement couverte par plusieurs de ces arbres qui étaient en fleurs lorsque je me trouvai dans cette rivière, c'est-à-dire au mois d'août. J'en ai recueilli quelques échantillons que l'on dessèche avec peine, tant la fleur est charnue. Cette même île est bordée de mangliers comme les deux côtés de la rivière, et ces arbres servent, avec les baobabs, d'abri pendant la nuit aux aigrettes et aux pélicans, qui s'abattent dessus par troupes nombreuses à la chute du jour.

N° 4. L'*acrostichum alcicorne*, Swartz, *furcatum*, Forster, croît sur les palmiers de l'île de Miel. J'ignore si les habitants des îles voisines, car l'île de Miel est inhabitée, s'en servent à quelque usage.

N° 5. La canne à sucre croît dans le petit îlot situé en face de Bissao. On la cultive, mais en très-petite quantité, et non pas pour en extraire le sucre comme dans la plupart de nos colonies.

Le Rio Nunez.

Le pays qu'arrose le Rio Nuñez, dans la première partie de son cours, c'est-à-dire depuis son embouchure jusqu'à Rappace, est un pays plutôt plat que montueux. Il n'y a pas une seule élévation de terrain dont on doive parler ; des mangliers et des palétuviers garnissent d'un épais fourré les bords de la rivière qui, dans la saison des pluies et quand la mer est haute, baigne et couvre de limon la partie inférieure de leur feuillage.

A Rappace, on voit çà et là quelques roches ferrugineuses; la terre elle-même participe de cette nature, et l'eau des sources dépose un sédiment rougeâtre qui indique clairement quelle est la nature du terrain.

En remontant le cours de la rivière, on voit un pays plus accidenté, et, après avoir dépassé le village de Wakaria, on aperçoit à l'horizon des montagnes qui paraissent élevées.

Le Rio Nuñez s'arrête à Boqué, c'est-à-dire à environ 30 lieues de son embouchure. Jusqu'à cet endroit, les pirogues des noirs et des embarcations d'un plus fort tonnage peuvent remonter sans trop de peine lorsque le flux de la mer agit sur la masse des eaux et les empêche de s'écouler. Cependant le fond de la rivière, depuis Wakaria jusqu'à Boqué, est parsemé de roches que l'on ne distingue qu'à peine, l'eau étant chargée plus ou moins de limon ; mais il est impossible de remonter plus haut que ce dernier village : la rivière se réduit à un mince filet d'eau qui serpente entre les rochers au fond de la vallée que domine la montagne sur laquelle est bâti le village de Boqué.

Les roches qui composent cette montagne sont de basalte et de trachyte ; l'aridité est extrême et la chaleur insupportable pour les Européens. Sur le versant Ouest et Sud, là où se rencontre un peu de terre végétale, on cultive la pistache ; dans les plaines, vers l'embouchure, on cultive le riz, seule nourriture des habitants, lorsque les eaux pluviales qui tombent en juillet, août et septembre se sont écoulées.

Si l'on remonte le Rio Nuñez, on voit de distance en distance des marigots ou criques dont l'ouverture est assez large pour induire en erreur le capitaine qui pénétrerait dans ce fleuve sans avoir un pilote ou sans être muni de bonnes cartes. La crique voisine de Victoria, à 20 milles de l'embouchure, réunit, selon les naturels, le Rio Grande au Rio Nuñez. Le tracé n'en est pas indiqué sur les cartes.

Le mode de défrichement dans le Rio Nuñez comme presque sur toute la côte d'Afrique est bien simple : il consiste à mettre le feu aux grandes herbes qui croissent dans les plaines avec une rapidité extraordinaire, à remuer légèrement la terre et à ensemencer.

Les bords de cette rivière ont été explorés par plusieurs botanistes, parmi lesquels il faut citer M. Whitefield, botaniste anglais, que j'ai rencontré à Rappace en janvier 1848, et avec lequel j'ai fait quelques excursions. M. Whitefield a découvert dans ce pays plusieurs plantes rares ; elles sont mentionnées dans le *Genera plantarum* de Lindley.

Voici la liste de celles que j'ai récoltées à Victoria, Casacabouly, Rappace, Wakaria et Boqué.

PHANÉROGAMES.

Convolvulus.
Plectranthus.
Acanthacée.
N° 1. Mandevillea suaveolens !
Combretum.
Bignonia.
Borreria.
Eriosema.
Rhizophora (an nova species?).
N° 2. Acacia, deux espèces.
Cassia.
Seleria.
Nelsonia canescens, Nees.
Sida rostrata, Schum. (Valdè affinis S. periploccæfoliæ.)
Quamoclit vulgaris, Choisy.
Crotalaria.
N° 3. Gardenia Rhotmanni, Thumb.
— Whitefieldiana, Lindley.
Osbeckia senegambensis, Guill. et Perr.
Spermacoce.
Striga.
Indigofera.
N° 4. Psychotria, deux espèces.
Œschynomene.
Arum.
Schwenkia americana, L. (Variété?)
Phœnix.
N° 5. Borassus flabelliformis, L.
Elionurus.
Scoparia dulcis, L.
N° 6. Tetracera alnifolia, Willd.
Buchnera.
N° 7. Passiflora quadrangularis, L. (Barbadine.)
Scirpus.
Fuirena pubescens, Kunth.
N° 8. Lophira alata, Decaisne.
Laurus.
Achyranthes.
N° 9. Coffæa.
Amaryllis.
N° 10. Napoleona imperialis, Pal. Beauv.
Quisqualis.
Lippia.
Maranta.
Ocymum canum, Sims ?
N° 11. Luffa.
Stephanotis, nova species.
Cissus, an quinquefolia, Lam^{k}?
Panicum undulatifolium, Ard.?
(Genus novum leguminosarum ?)

Observations.

N° 1. Cette belle plante croît à l'air libre dans les jardins, à Cherbourg.

N° 2. On trouve près de Rappace une espèce d'acacia qui produit une gomme rougeâtre. *An acacia nilotica*, Delise?

N° 3. On trouve en abondance ce bel arbrisseau aux environs de Rappace. Le *gardiana Whitefieldiana* de Lindley est beaucoup plus rare. Je dois à l'obligeance de M. Whitefeld l'échantillon que je possède.

N° 4. Les négresses de Rappace font boire aux petits enfants une décoction des feuilles du *psychotria* pour les guérir du mal de ventre.

N° 5. Le rondier, *borassus flabelliformis* de Linné, est commun aux environs de Wakaria. Les nègres l'emploient comme le latanier pour faire des tresses à chapeaux et des plateaux dont ils se servent en guise de van.

N° 6. Le *tetracera alnifolia* donne une sève assez abondante pour désaltérer. Les habitants du Rio Nuñez en font bouillir les feuilles qu'ils mêlent avec le riz en guise d'assaisonnement.

N° 7. Cette passiflore, que l'on appelle vulgairement *barbadine*, sert à couvrir des tonnelles à Rappace. Elle donne un fruit excellent, soit avec de l'eau-de-vie, soit sans aucun apprêt.

N° 8. A 1 mille $^1/_2$ de Rappace, on trouve un bois taillis formé presque en entier par des *lophira alata*, qui répandent une odeur délicieuse, mais dont il est difficile de dessécher la fleur.

N° 9. Je soupçonne que ce *coffœa* doit être celui qui donne le café connu dans le commerce sous le nom de *Rio Nunez*, quoique je n'en aie pas vu de cultivé sur les bords de cette rivière. Mais la graine de l'échantillon que je possède ressemble tout à fait à celle de ce café et se rapproche beaucoup du café Moka, *coffœa arabica*, L.

N° 11. Cette plante rare croît à Boqué. On la trouve aussi à Fernando-Po, mais je ne l'y ai pas vue.

N° 11. Est-ce le *suffa acutangula* Dec. Pr.? Cependant l'enveloppe des graines n'est pas marquée des sillons profonds qui doivent caractériser cette espèce ; les descriptions des espèces connues ne conviennent qu'en partie à cette plante, qui pourrait en constituer une nouvelle, à laquelle conviendrait le nom spécifique de *Africana*.

Iles de Loss.

A 15 lieues environ au N. de Sierra-Leone, on rencontre un petit groupe d'îles connues sous le nom d'îles de Loss, de Los, ou des Idoles. Quoiqu'il y ait encore des marécages entre la terre ferme et l'île Tumbo, l'une d'entre elles, si même on doit considérer cette dernière comme une île, on s'aperçoit aisément que l'aspect général de la côte se modifie. Déjà on a vu, en venant du N., le mont Souzos, montagne assez haute, qui sert de point de reconnaissance pour arriver aux îles; lorsqu'on pénètre au milieu de l'archipel, on est comme dans un bassin entouré de collines élevées; le coup d'œil est alors extrêmement varié et pittoresque.

Toutes les îles de Loss sont entourées de récifs et de falaises qui en rendent l'abord très-difficile, et l'on ne peut descendre à terre qu'en un petit nombre d'endroits. Elles seraient susceptibles de culture, à cause de leur position avancée dans la mer et de la fraîcheur qu'apportent les brises du large ; mais le roc surgit en une foule de points, et les vallées sont parsemées d'une grande quantité de petites roches qui empêcheraient la culture en grand si on essayait de l'y introduire. Cependant, quelques parties des îles Factory et Crawford sont cultivées.

Le terrain est partout ferrugineux, excepté dans quelques parties de l'île Tumbo; et dans les bas-fonds où l'eau séjourne, on la voit colorée par les principes métalliques qui s'y trouvent en dissolution.

Cette nature de terrain se prononce encore mieux aux environs de Sierra-Leone; il a fallu la persévérance des Anglais pour faire produire à ce territoire les denrées qu'on y récolte.

Les plantes des îles de Loss sont très-variées; plusieurs d'entre elles, par l'éclat de leurs corolles et par leur odeur délicieuse, figureraient avec avantage dans nos serres. M. Whitefield a séjourné quelque temps à Factory et en a transporté quelques-unes en Angleterre.

J'ai recueilli ou observé dans ces îles les plantes suivantes :

PHANÉROGAMES.

Phaseolus ou dolichos.
Cassia, en sousou, *onguelenghi.*
Commelina.
Echites ?
Adianthum.
Mucuna ?
Olyra guineensis, Steud. ?
Crotalaria.
Lepturus ?
N° 1. Tragia, en sousou, *Fokidouki.*
N° 2. Sideroxylon.
Lobelia.
N° 3. Xyris.
Xyridæa.
Desmodium, affine trifloro, en sousou, *Coulegnimalea.*
Conocarpus.
Piper.
N° 4. Begonia.

Justicia.
Sida rhombifolia, L.
— decagyna, Schum.
Eriachne.
Laurus.
Tephrosia.
Borreria, affinis B. ramisparsæ, DC.
Ceratotheca sesamoides, Endl.
N° 5. Cardiospermum halicacabum, L.
Dalbergia.
N° 6. Sesamum indicum, L. et Var., en sousou, *Kaka*.
N° 7. Sipanea, en sousou, *Gimghi*.
N° 8. Methonica superba, Desf.
Ononis.
Aletris guineensis, L.
Momordica?
Osbeckia.
Cleome raphanoïdes, DC.
Eugenia ciliata, Schum.
N° 9. Oryza, an sativa, L.? (Riz, en sousou, *Malé*.
Panicum paspaloides? Pers.
Andropogon.

CRYPTOGAMES.

Calymperes afzelii, Sw.
Hypnum tenellum, Sw.?
Parmelia tinctorum, Despr[x].
Variolaria communis, Ach.
Polyporus.
Sphæria, deux espèces.

Observations.

N° 1. Cette plante, que les naturels appellent *fokidouki*, est employée par eux en décoction contre les douleurs rhumatismales.

N° 2. Le bois de cet arbre, qu'on appelle bois de fer, sert à faire des lances. L'écorce du *sideroxylon inerme*, L., paraît jouir de propriétés anti-syphilitiques et anti-scorbutiques.

N° 3. L'écorce des feuilles du *xyris indica* mêlée au vinaigre s'administre, dans l'Inde, contre les maladies de la peau. Je ne sais si les naturels de la côte d'Afrique connaissent les propriétés de cette plante, mais cette connaissance leur serait très-utile.

N° 4. Ce *begonia*, qui constitue probablement une espèce nouvelle, pourrait être désigné sous le nom spécifique de *delicatula*, tant ses feuilles sont minces et délicates. Je suis parvenu à faire germer cette plante en serre, mais je n'ai pu la faire fleurir. Elle croît à Factory, au milieu des rochers au bord de la mer, abritée du soleil par l'ombre des grands arbres.

N° 5. Cette plante, qui se retrouve aux Indes orientales, jouit de propriétés médicinales; elle sert aussi de fourrage aux bestiaux.

N° 6. Le *sesamum indicum* et ses variétés, qui portent à Factory le nom de *kaka*, est cultivé dans cette île. Les habitants en extraient l'huile en broyant la graine entre deux pierres.

N° 7. Cette rubiacée, que les indigènes appellent *gimghi*, est usitée comme rafraîchissante. On la coupe, on la fait sécher au soleil et infuser dans de l'eau-de-vie.

N° 8. On trouve à Factory le *methonica superba*, Desf., *gloriosa superba*, L., au milieu des fourrés de *bignonia* et d'acacias. Ne serait-ce point le *M. Leopoldi*, DC.? Les feuilles de cette plante passent pour astringentes, et l'oignon paraît être vénéneux.

N° 9. Les habitants des îles de Loss appellent le riz *malé*. Après l'avoir récolté, ils le font sécher en petites meules, et séparent ensuite avec les mains le grain de la paille.

Les seules composées que j'ai recueillies sur la côte d'Afrique et qui soient jusqu'à présent déterminées, sont :

Ageratum conyzoïdes, L. (Gabon, île du Prince.)
Emilia sagittata, DC. (Gabon.)
Bidens pilosa, L. (Gabon.)
Vernonia cinerea, Less. (Gabon.)

Un nouveau genre du groupe des vernoniacées a été reconnu dans les plantes de cette famille par M. Schultz. Ce savant botaniste a désigné sous le nom de *Jardinea pluviosa* l'espèce qu'il va publier dans un des journaux scientifiques de l'Allemagne. Mais, comme M. Steudel publiait en même temps un nouveau genre de graminées sous le même nom générique, ce nom ne pourra être affecté à deux genres différents, à cause de la confusion qui en résulterait. La priorité décidera.

(Extrait des *Nouvelles Annales de la Marine et des Colonies*, numéros de juillet 1850 et mai 1851.)

Paris, Imprimerie de Paul Dupont,
rue de Grenelle-Saint-Honoré, 45.

www.ingramcontent.com/pod-product-compliance
Ingram Content Group UK Ltd.
Pitfield, Milton Keynes, MK11 3LW, UK
UKHW012134240726
13965UKWH00005B/2181